著作权合同登记号：图字07-2014-4318

Inventaire Illustré des Arbres
by Virginie Aladjidi, illustrated by Emmanuelle Tchoukriel
© 2012 Albin Michel Jeunesse

图书在版编目（CIP）数据

树 / （法）阿拉德基迪著 ；（法）楚克瑞尔绘 ；超
然译. — 长春 ：长春出版社，2015.11
（法兰西手绘博物志）
ISBN 978-7-5445-4234-0

Ⅰ. ①树… Ⅱ. ①阿… ②楚… ③超… Ⅲ. ①树木—
少儿读物 Ⅳ. ①S718.4-49

中国版本图书馆CIP数据核字(2015)第274855号

树 Shu

著　　者：	［法］维尔吉妮·阿拉德基迪	绘　　者：	［法］艾玛纽埃尔·楚克瑞尔
译　　者：	超　然	责任编辑：	朱　红
封面设计：	武宏帅	版式制作：	毕馨培

出版发行：长春出版社

总编室电话：0431-88563443
发行部电话：0431-88561180

地　　址：吉林省长春市建设街1377号
邮　　编：130061
网　　址：www.cccbs.net
印　　刷：吉林省吉广国际广告股份有限公司
经　　销：新华书店
开　　本：635毫米×965毫米　1/8
字　　数：113千字
印　　张：9
版　　次：2015年11月第1版
印　　次：2015年11月第1次印刷
定　　价：68.00元

法兰西手绘博物志

树

［法］维尔吉妮·阿拉德基迪/著

［法］艾玛纽埃尔·楚克瑞尔/绘

超　然/译

长春出版社

国家一级出版社

全国百佳图书出版单位

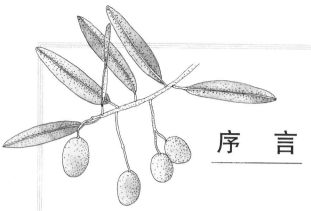

序 言

这本博物志将带你发现世界上的57种木本植物。

法国专业科学插画家艾玛纽埃尔·楚克瑞尔用她精准的手法使这些树木跃然纸上，既展现了几百年前博物学家们眼中的世界，又体现了那个时代的画风。从树园到森林，她捕捉了它们的轮廓、叶片和树皮，还有它们周围的各种动物。插画中的黑色轮廓用中国墨来勾勒，然后用水彩上色，用浓淡的变化来体现透明度，最佳地呈现了树木不同的材质以及多样的色彩。

这里收录的是57种树木，但世界上存在的物种数以百万计！我们会指出它们的拉丁学名、可以达到的最大高度和寿命。

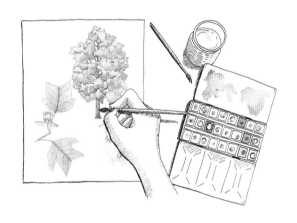

浮出海面的陆地上，有31%为森林所覆盖。树木在自然界中扮演着极为重要的角色，不但能吸收二氧化碳、释放氧气，还能净化空气、改善空气质量；树木能为其他植物提供遮蔽和生存空间，为动物提供食物和栖息地，还能涵养水分，防止水土流失和沙漠化。

树木在社会和经济生活中也扮演着重要角色：它们不仅为木工和取暖提供木材，还为人们提供水果、坚果、油和造纸所需的纤维……十多亿人的生活都要依靠森林。

最后，树木对于人的重要性，还在于象征性的、诗意的方面：
它们难道不是生命的一种隐喻吗？要成长，就需要有根、水、阳光……

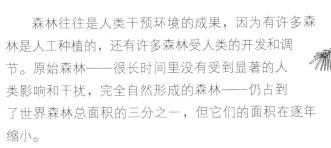

　　森林往往是人类干预环境的成果，因为有许多森林是人工种植的，还有许多森林受人类的开发和调节。原始森林——很长时间里没有受到显著的人类影响和干扰，完全自然形成的森林——仍占到了世界森林总面积的三分之一，但它们的面积在逐年缩小。

　　树种的多样性正受到去森林化和现代农业、种植业、养殖业等行业的威胁。为数甚多的物种濒临灭绝，与之休戚相关的动物也成了受害者，人们也难逃其害。相反在亚洲和欧洲，森林地带事实上在扩大。另外，几乎每个国家都越来越关注于保护森林。

　　现在，就让我们一起边走边聊，在树木的世界中漫步吧！

维尔吉妮·阿拉德基迪

目　录

插图小词库 ——————————————————————————— 4-5

阔叶树

第一章：单叶，叶缘光滑、整齐的树木 ————————————— 6-18

第二章：单叶，叶缘呈波纹状、齿状或带刺的树木 ——————— 19-30

第三章：分叶的树木 ——————————————————————— 31-39

第四章：复叶的树木 ——————————————————————— 40-50

针叶树 ——————————————————————————————— 51-59

棕榈树 ——————————————————————————————— 60-63

　　在插图小词库里我们会更细致地展现各种不同类型树叶的特点。

插图小词库：

一片树叶

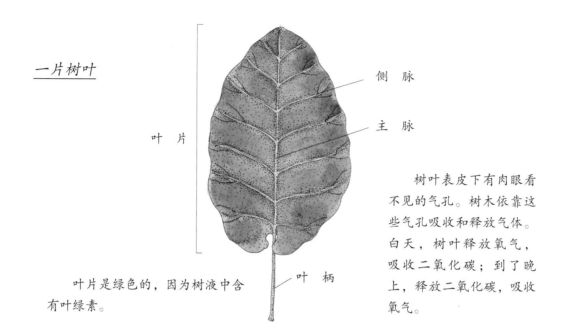

侧 脉

主 脉

叶 片

叶 柄

叶片是绿色的，因为树液中含有叶绿素。

树叶表皮下有肉眼看不见的气孔。树木依靠这些气孔吸收和释放气体。白天，树叶释放氧气，吸收二氧化碳；到了晚上，释放二氧化碳，吸收氧气。

要分辨一棵树，叶子的形状是一个非常重要的标准。所以我们就按照树叶的这些形式为大家介绍。

单叶。一个叶柄上只有一枚叶片，叶片扁平，叶缘光滑或基本光滑。

单叶。叶片扁平，叶缘呈波纹状或齿状（欧洲栗）或具刺（欧洲冬青）。

分叶。叶缘缺裂很大，凹口不到主叶脉。有的裂片像手掌一样分开（枫树），有的裂片沿主脉两侧排列，像羽毛（橡树）。

欧洲栗的叶片

欧洲冬青的叶片

枫树的叶片

橡树的叶片

复叶。一个叶柄上生有多枚小叶，常见的复叶有羽状复叶（花楸），或掌状复叶（七叶树）。

花楸的叶片

七叶树的叶片

棕榈叶。它们通常是复叶，可呈棕榈状（小叶为扇形分布，形似手掌）或羽状（小叶分布形状像梳子，如椰子树）。有些棕榈树有完整的单叶。

针形叶。这是众多针叶树所具有的叶片。它们呈并排式、螺旋式或者玫瑰花形（黎巴嫩雪松）生长。针叶树也有可能生有鳞叶，牢牢贴在枝杈上（这本博物志里没有选这种树木）。

黎巴嫩雪松的叶片

（欧洲的）温带森林以阔叶树和针叶树为主。北极圈内的森林是针叶林，由针叶树构成。热带森林常年绿色，树木的叶片不掉落，那里有着成千上万种木本植物（仅仅在巴西一个国家，文献记载的木本植物就有7880种）。

辨别树木，我们还会观察叶片在枝条上生长的规律和顺序（茎上长叶的位置称为节）。

叶互生：

每个节上只生一叶，叶片交互而生。

千金榆的叶片

叶对生：

每个节上生两叶，相对排列。

丁香的叶片

叶辐射排列：

针形叶辐射状排列在枝条上。

冷杉的叶片

叶簇生：

每个节上生三叶或三叶以上，成簇生长。

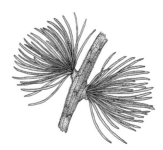

红杉的叶片

第一章

单叶，叶缘光滑、整齐的树木

蓝 桉

拉丁学名：*Eucalyptus globulus*

树高：90米

寿命：200年以上

这棵挺拔的大树是600多种桉树中的一种。桉树几乎都原产于澳大利亚，是世界上种植最多的树木。这主要是因为它们生长迅速，最多一年可长2米。我们用桉树叶造纸。蓝桉的叶片狭长，因此蓝桉树林的树荫很小！

桉树树叶常绿：与其他一些阔叶树的叶子不同，桉树叶子每年都不会全部落完。欧洲的花店里常有桉树的枝叶出售，作为搭配来组成花束。

考 拉

鸡蛋花上一只天蛾的幼虫，
未来将是一只飞蛾。

白鸡蛋花

拉丁学名：*Plumeria alba*

树高：8米 / 寿命：80年。

鸡蛋花是一种原产于中美洲的热带树木。也许是因为它的枝条在剪下来以后还能保留很长时间，而且花期很长，所以通常被视为不死的象征。白鸡蛋花常被称为"白色弗朗吉帕尼花"，这是因为十六世纪意大利弗朗吉帕尼侯爵用白鸡蛋花作为原料，制成了一种流传至今的香水。人们在做三王朝圣饼的时候会刻意地模仿白鸡蛋花的香味。

阔叶树

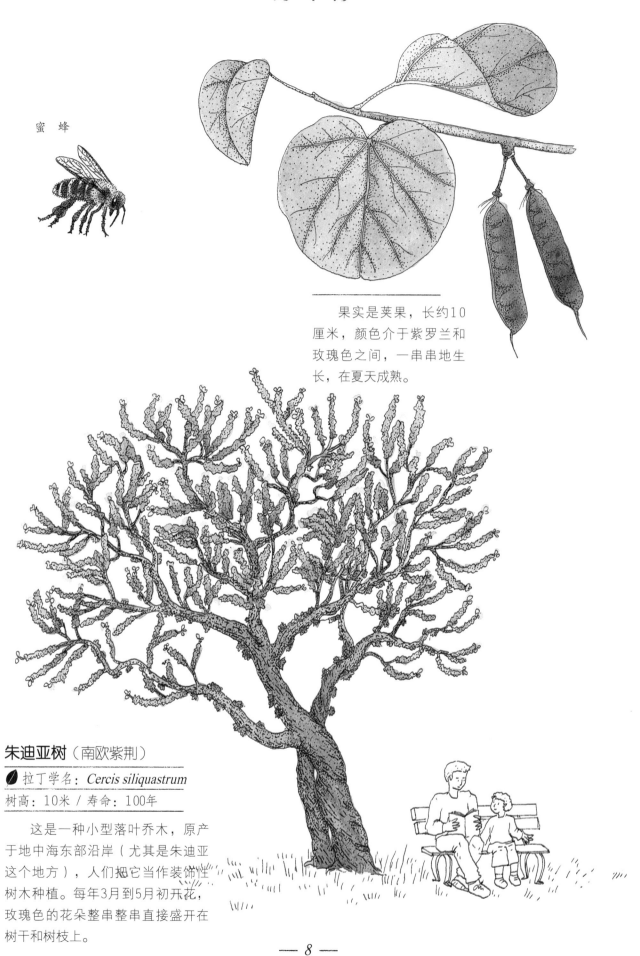

蜜蜂

果实是荚果，长约10厘米，颜色介于紫罗兰和玫瑰色之间，一串串地生长，在夏天成熟。

朱迪亚树（南欧紫荆）

🖊 拉丁学名：*Cercis siliquastrum*

树高：10米 / 寿命：100年

　　这是一种小型落叶乔木，原产于地中海东部沿岸（尤其是朱迪亚这个地方），人们把它当作装饰性树木种植。每年3月到5月初开花，玫瑰色的花朵整串整串直接盛开在树干和树枝上。

欧洲山毛榉

🖋 拉丁学名：*Fagus sylvatica*

树高：45米 / 寿命：400年至900年

　　欧洲山毛榉的树形高大威武，树干笔直，长到较高处才有分枝。在古希腊和古罗马时代，人们相信山毛榉是一种有益而且有力的树木。它是法国最多见的一种落叶树（占到了9%的森林面积），仅次于橡树，但在法国南部和西南平原没有分布。它的木材用于做木工（以前还用来做木鞋）。

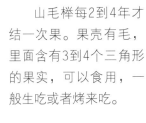

　　山毛榉每2到4年才结一次果。果壳有毛，里面含有3到4个三角形的果实，可以食用，一般生吃或者烤来吃。

黑啄木鸟

猪

波罗蜜

🌱拉丁学名：*Artocarpus heterophyllus*

树高：20米 / 寿命：70年

　　这种热带树木大概原产于印度。它的花开在树干和枝条上，所以果实也直接长在树干或者粗壮的枝条上。绿色的果实叫作波罗蜜，是全世界树木上长的最大的果实（长度可达90厘米，重达40千克），甜美芳香，是著名的热带水果。波罗蜜在大洋洲有个"亲戚"，叫作面包树。

猩 猩

睡莲叶无花果树

🌿 拉丁学名：*Ficus nymphaeifolia*

树高：发芽处以上15米

寿命：非常非常长

　　这棵无花果树是一种会"绞杀"的树。鸟把带有无花果种子的粪便排泄到一棵大树上。一颗种子发芽，根扎进这棵树的树皮里，一点一点向下生长到达地面，并且沿着树干向上分叉。原来那棵树成了无花果树的俘虏，被缠绕、挤压，运输树液的茎被压垮，不能再向树叶输送水分和营养。那棵树最终死去、腐烂。

阔 叶 树

树商陆（人行道树）

🌿 拉丁学名：*Phytolacca dioica*

树高：15米 / 寿命：200年以上

    这种树原产自南美洲潘帕斯草原，现在在地中海地区作为绿化树种被大量种植（比如在科西嘉）。我们常常叫它"人行道树"。在它的树干根部有一大块圆形的凸出物，是它露在地表的根，外面包裹了树皮。夏末，它结出丰腴的黑色果实，很是吸引鸟儿。

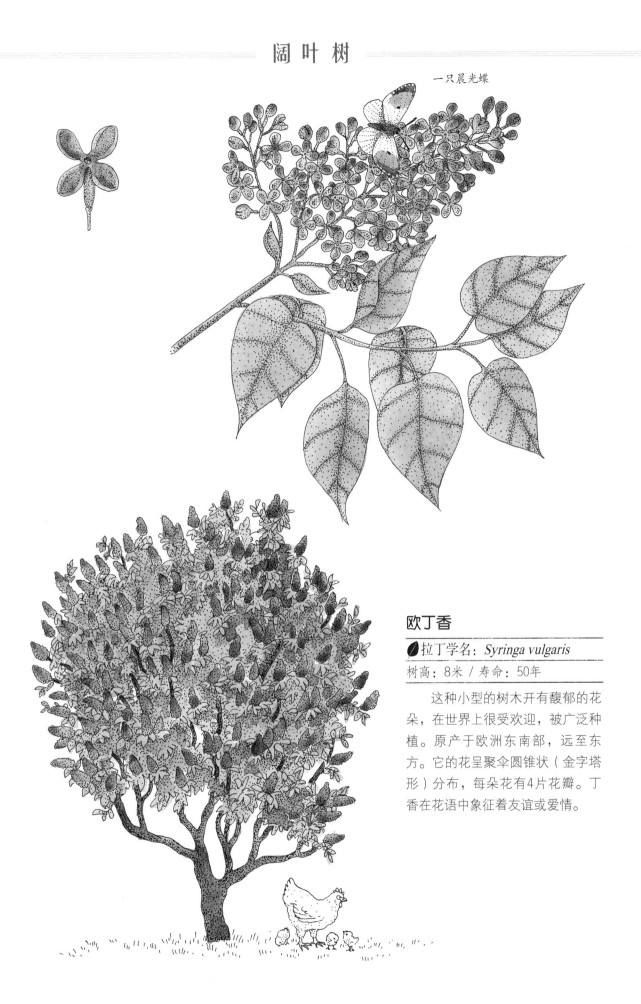

一只晨光蝶

欧丁香

🍃拉丁学名：*Syringa vulgaris*

树高：8米 / 寿命：50年

　　这种小型的树木开有馥郁的花朵，在世界上很受欢迎，被广泛种植。原产于欧洲东南部，远至东方。它的花呈聚伞圆锥状（金字塔形）分布，每朵花有4片花瓣。丁香在花语中象征着友谊或爱情。

荷花玉兰

🍃 拉丁学名：*Magnolia grandiflora*

树高：25米 / 寿命：100年

这是最常见的玉兰树，原产于北美洲的东南部地区。这个小灌木家族存在了数百万年。18世纪，植物学界将这种植物命名为 *magnolia*，以向植物学家皮埃尔·马若尔（Pierre Magnol）致敬。荷花玉兰需要充足的阳光，孤立生长。

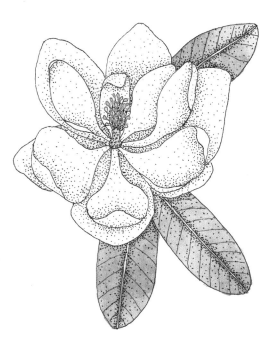

荷花玉兰的花为单生，直径25厘米，春天可见。玉兰花是温带最大的花朵。

阔叶树

果实可以食用，长度可达30厘米，重5到7千克，周身布满锥形尖刺。

榴莲的花期只有6周时间。此时，长舌果蝠是榴莲的重要传粉者。不过，这种哺乳动物正受到威胁，因为它主要的栖息地——红树林正不断消失；榴莲果实的产量因此也受到影响。

榴 莲

拉丁学名：*Durio zibethinus*

树高：40米 / 寿命：150年

榴莲是名副其实的亚洲热带树木。它们成片地生长在潮湿的热带雨林里。成熟的果实会散发出非常强烈的气味，可能令人难受：它让人联想到粪便或者呕吐物，但这种气味会吸引大象。大象会挑选最好的果实吃掉，其他一些动物也会这么做。

亚洲象

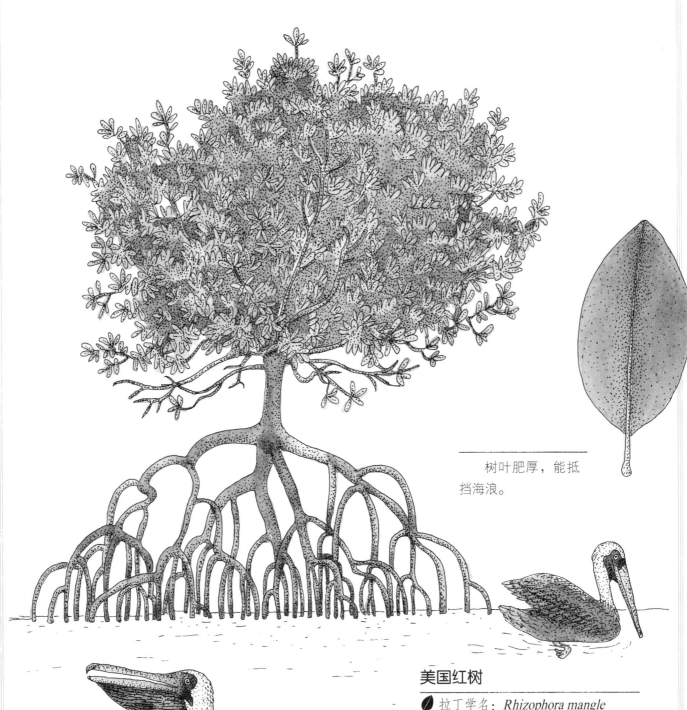

树叶肥厚，能抵
挡海浪。

褐色的鹈鹕

美国红树

🍃 拉丁学名：*Rhizophora mangle*

树高：20米 / 寿命：120年

　　这种红树在安地列斯群岛很常见，被
称为"红树之王"，根系完全被热带的
海水所淹没。从树干分出来的根像高跷一
样，扎在沼泽并不稳固的泥土里。根系浮
出水面的部分（尤其是在退潮期）会吸收
树木所需的部分氧气。

橘子树

✿ 拉丁学名：*Citrus x sinensis*

树高：10米 / 寿命：400年

　　橘子树属于柑橘属。柑橘属还包括柠檬树，柚子树，香柠树，这些都是柑橘类树木。橘子原产于亚洲，15或16世纪引入欧洲。橘子的果肉可以食用，橘子皮可以用来做香水。

油橄榄

🍃 拉丁学名：*Olea europaea*

树高：10米 / 寿命：2000年

　　这种树干弯弯曲曲的树在地中海气候地区十分典型。它的果实——橄榄在经过处理后可以食用：果实需先在水或者灰中处理，才能消除它们的涩味，这个过程需要2到4周时间。橄榄树是和平的象征。

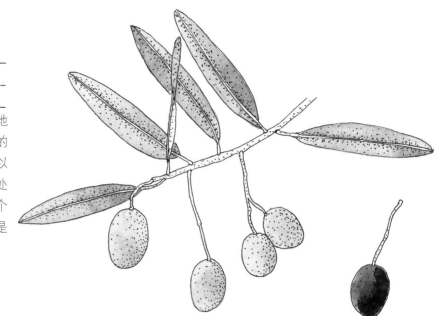

山羊

第二章

单叶，叶缘呈波纹状、齿状
或带刺的树木

欧洲冬青

拉丁学名：*Ilex aquifolium*

树高：15米 / 寿命：300年

　　欧洲冬青的树叶常绿，秋天
不会落叶，象征着延续不断的生
命。9月到次年3月它会长出一串
串红色的果实，可用于圣诞节装
饰（在英国尤为受欢迎）。冬青
树的果实是斑鸠和山鸟的盛宴，
但这些果实对于人类来说是有毒
的。美国有一座著名的影视之
城叫作好莱坞（Hollywood），
这个名字的字面意思是"冬青树
树林"。

红斑鸠

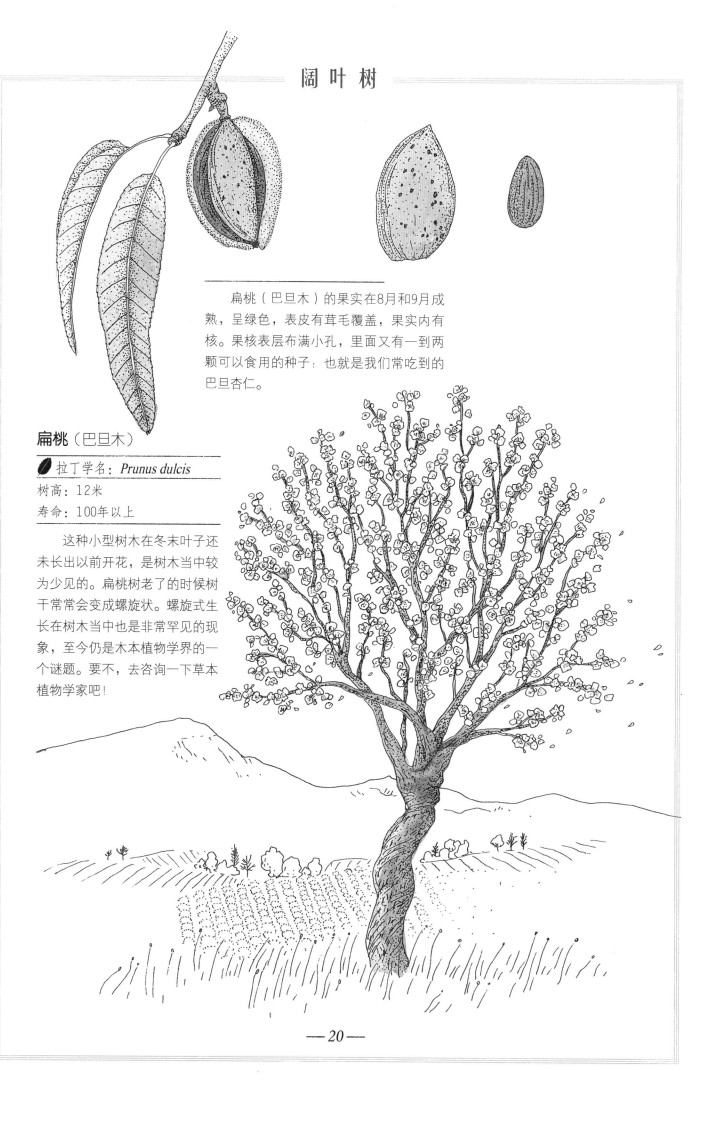

扁桃（巴旦木）的果实在8月和9月成熟，呈绿色，表皮有茸毛覆盖，果实内有核。果核表层布满小孔，里面又有一到两颗可以食用的种子：也就是我们常吃到的巴旦杏仁。

扁桃（巴旦木）

拉丁学名：*Prunus dulcis*

树高：12米

寿命：100年以上

这种小型树木在冬末叶子还未长出以前开花，是树木当中较为少见的。扁桃树老了的时候树干常常会变成螺旋状。螺旋式生长在树木当中也是非常罕见的现象，至今仍是木本植物学界的一个谜题。要不，去咨询一下草本植物学家吧！

金丝柳

🌰 拉丁学名：*Salix alba* 'Tristis'

树高：25米 / 寿命：50年

　　金丝柳的枝条柔软、下垂。金丝柳在凉爽湿润的土壤上生长，水滴从它枝条的末端落下：被人们称作眼泪。在它的法语名字里，有一个词的意思就是"哭泣的人"。

春季开花，柔荑花序，雄性的花朵为亮黄色。

绿头鸭

果实叫作榛子，9月份成熟。我们吃它里面的果仁。

欧榛（山白果树）

🌰 拉丁学名：*Corylus avellana*

树高：5米 / 寿命：60年

这种灌木源于欧洲、西亚还有北非。人们常成排种植欧榛，方便收获果实。对于凯尔特人而言，榛子树具有神性，可以祛除巫师和恶灵。

松 鼠

苹果树在4、5月开花，每个花托开出5到8朵5片花瓣的花朵。花朵凋零之后，果实就开始生长了。

"美尔罗斯"苹果树

🫘 拉丁学名：*Malus domestica "Melrose"*

树高：7米 / 寿命：100年

目前，已经登记在册的苹果树多达一万余种！早在古代，人们就在果园里种植苹果树，收获它的果实了。美尔罗斯品种的苹果原产于美洲，表皮呈鲜艳的玫瑰色或红色，果肉又甜又脆。

大叶醉鱼草（引蝶树）

🫘 拉丁学名：*Buddleia davidii*

树高：5米 / 寿命：40年

　　这种原产自中国的灌木树干具有多个分枝，枝杈棱角分明，各自长成一簇。它生长迅速，花朵有淡紫色、白色、粉红色或者薰衣草颜色，花蕊为黄色，吸引来大量的蝶类、蛾类、蜜蜂和其他昆虫，它因此也得了"引蝶树"的俗名。园艺学家已经培育出了很多大叶醉鱼草的变种。

孔雀蛱蝶

白钩蛱蝶

蜜 蜂

绿豹蛱蝶

　　7月到9月我们可以看到它繁盛的花朵。

猗凤蝶

红裙灯蛾

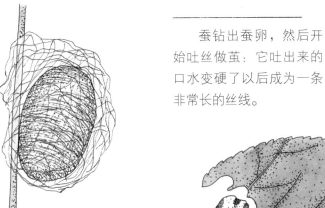

蚕钻出蚕卵，然后开始吐丝做茧：它吐出来的口水变硬了以后成为一条非常长的丝线。

桑 树

🌰 拉丁学名：*Morus alba*

树高：15米 / 寿命：200年

这种树冠呈圆形的小树原产自中国，它的叶子是蚕的主要食物来源。欧洲大陆从6世纪开始养蚕，当时君士坦丁堡的一些传教士从中国带回了一些蚕卵。法国是从16世纪末开始发展桑树种植的。

椴树的黄色花朵可以用来煎药；蜜蜂采了花蜜以后可以产出口味独特的蜂蜜。

小叶椴

拉丁学名：*Tilia cordata*

树高：40米 / 寿命：500年以上

小叶椴长得很伟岸挺拔，幼时的枝条光滑没有茸毛，而它的近亲大叶椴却长着很多茸毛。随着树龄的增长，它的树冠变圆，树枝下垂。在古代，人们相信它是一种神圣的树木，用来装木乃伊的棺木就是用椴木制成。

普通赤杨是落叶乔木，叶子一直到深秋才落。

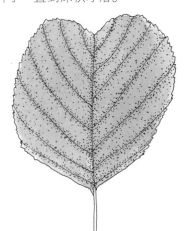

雌性花朵生出的成熟果实是一个个深棕色的球果，冬天的时候长在树上，之后有翼瓣的果仁会脱落。

黄 雀

普通赤杨

拉丁学名：*Alnus glutinosa*

树高：40米 / 寿命：150年

　　普通赤杨的幼叶柔嫩，且芽上具有很多黏稠物质，所以在法语里它叫作黏楷树。我们在欧洲、温带亚洲和北非都能见到这种树木。它喜欢生长在水边，也喜欢阳光，所以会抢在其他树木之前占领有利位置。有时候人们把普通赤杨和死亡联系在一起，这有可能是因为在被砍伐的时候它的木头的颜色会变成血红色，而做绞刑架用的木头也来自普通赤杨。

雪 豹

糙皮桦

拉丁学名：*Betula utilis*

树高：20米 / 寿命：100年

这种桦树最先生长在喜马拉雅山脉海拔4500米的高处。它吸收冰雪融化下来的水，树皮十分精致，呈白色或者带淡红的棕色，有水平的棕色皮孔，像是被剑刺过一般。古印度人书写梵文经书时用的就是这种树的树皮，今天印度和中国西藏还有人在它上面写咒语。

欧洲栗是常绿乔木，和橡树、山毛榉一样，叶子到冬天才落。

欧洲栗（甜栗）

🌰 拉丁学名：*Castanea sativa*

树高：30米 / 寿命：有时可达1000年

　　这种强壮的树木早在史前的南欧就已存在，生长在低矮的山上。树龄最大的栗树是在意大利西西里岛埃特纳山上，大概已有3000岁。人们种植甜栗树收获它的果实——甜栗，野生甜栗树也并不少见。甜栗树有强健的根系，这使它成了男性气概的象征。但目前它正受到一种昆虫——瘿蜂的威胁。

青色带刺的壳斗里包着两三颗带有光泽的果实。人们在10月采摘栗子，剥开来之前先要煮熟。有几种甜栗被误称为板栗。

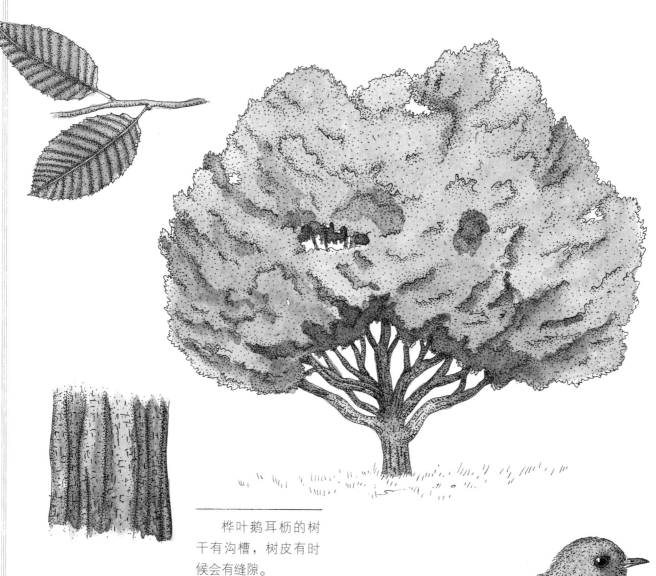

桦叶鹅耳枥的树
干有沟槽，树皮有时
候会有缝隙。

桦叶鹅耳枥

🌰 拉丁学名：*Carpinus betulus*

树高：30米 / 寿命：200年

　　这棵阔叶树的叶子在秋天会变黄，但到了冬天，它那干燥的树叶会在树枝上挂好一阵子，直到被新的叶子所取代。我们管这个叫"凋而不落"。桦叶鹅耳枥以其极为密致且防水的木质而闻名，人们用桦叶鹅耳枥的木材做刮削器和钢琴的部件。

画眉鸟

第三章
分叶的树木

夏 栎

拉丁学名：*Quercus robur*

树高：40米 / 寿命：1000年

夏栎堪称森林之王，是在法国分布最广泛的树木。算上它的亲戚（柔毛栎、无梗花栎等），法国有40%的森林都是栎树。

它们庇护着各种各样的动物：昆虫在断落了的树枝上打洞筑巢，鸟儿在树枝之间做窝，松鼠吃它的果子……栎树代表着智慧，人们传说十三世纪的法国国王圣路易（路易九世）就是在万塞讷（巴黎东部近郊的一个镇）的一棵大栎树下判案的。

野 猪

夏栎的果实叫作橡果，里面有一粒果仁。当果仁落到地里以后，它便开始在土里生根，然后长出一根茎和几片叶子。夏栎就这样诞生了！

黄绿色的花朵在夏天绽放。花有香气，各自独立地长在枝头。

美国鹅掌楸

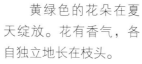拉丁学名：*Liriodendron tulipifera*

树高：55米 / 寿命：200至400年

鹅掌楸原产自美国，是一种装饰性树木，树干笔直，学名中的 *liriodendron* 来自希腊文，意思是"百合树"。它不喜阴暗，常生长在凉爽的山谷和海边。

鹅掌楸的叶子有4个裂片，形似郁金香，堪称一绝，所以法语中称它为弗吉尼亚郁金香树。

穴兔

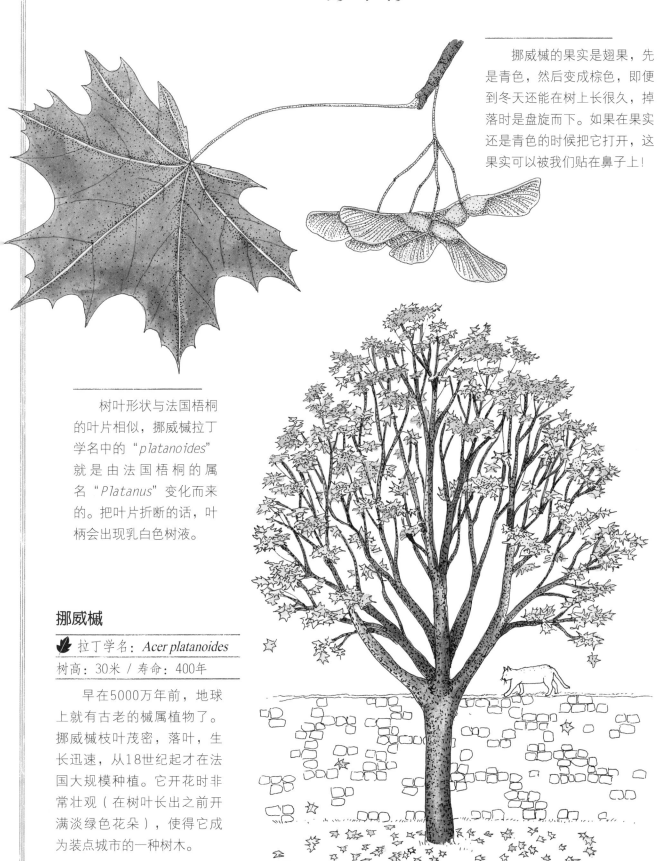

挪威槭的果实是翅果，先是青色，然后变成棕色，即便到冬天还能在树上长很久，掉落时是盘旋而下。如果在果实还是青色的时候把它打开，这果实可以被我们贴在鼻子上！

树叶形状与法国梧桐的叶片相似，挪威槭拉丁学名中的"platanoides"就是由法国梧桐的属名"Platanus"变化而来的。把叶片折断的话，叶柄会出现乳白色树液。

挪威槭

拉丁学名：*Acer platanoides*

树高：30米 / 寿命：400年

早在5000万年前，地球上就有古老的槭属植物了。挪威槭枝叶茂密，落叶，生长迅速，从18世纪起才在法国大规模种植。它开花时非常壮观（在树叶长出之前开满淡绿色花朵），使得它成为装点城市的一种树木。

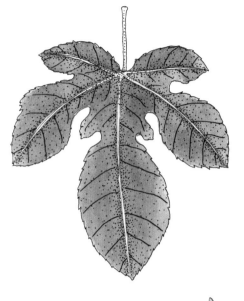

无花果树

🌿 拉丁学名：*Ficus carica*

树高：10米 / 寿命：200年

　　无花果树是欧洲大陆自然生长的唯一一种榕属植物。它能够长出触角状的根系，侵入石头干裂的墙体，或是钻进管道里。它的根甚至能伸入某棵树的树干，比如皂荚树，被它缠上的树随后会裂开、死去。它的果实就叫无花果。

驴

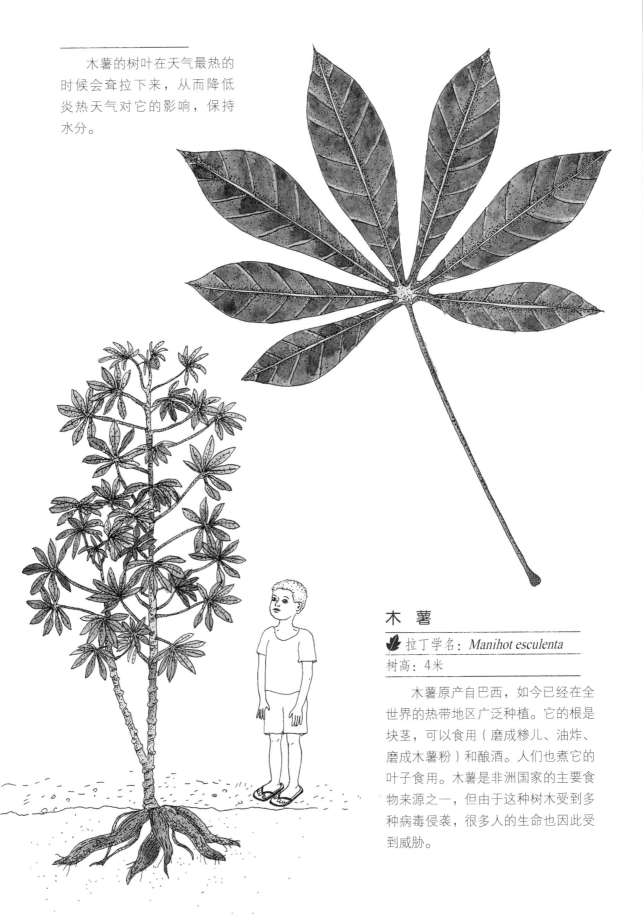

木薯的树叶在天气最热的时候会耷拉下来，从而降低炎热天气对它的影响，保持水分。

木 薯

🌿 拉丁学名：*Manihot esculenta*

树高：4米

木薯原产自巴西，如今已经在全世界的热带地区广泛种植。它的根是块茎，可以食用（磨成糁儿、油炸、磨成木薯粉）和酿酒。人们也煮它的叶子食用。木薯是非洲国家的主要食物来源之一，但由于这种树木受到多种病毒侵袭，很多人的生命也因此受到威胁。

银白杨

🌿 拉丁学名：*Populus alba*

树高：40米 / 寿命：400年

　　银白杨喜欢长在河的堤岸上，它的木材可以做纸浆。在神话当中，大力神赫丘利和地狱三头犬从地狱上来的时候戴的正是银白杨枝条做成的王冠。他那银白色的汗水染在了白杨树上。

　　每年春季，银白杨先开花，后长出树叶。花序柔软下垂。

母牛

　　叶子的背面银光闪闪。

银白杨

喜 鹊

法国梧桐（槭叶梧桐）

拉丁学名：*Platanus x acerifolia*

树高：40米 / 寿命：400年

　　这种大树在西欧的公园和大街两旁随处可见，原因是它不怕污染！它的木质良好，适于木工加工。

　　梧桐叶与槭树树叶相近，故在法国俗称槭叶梧桐。

　　法国梧桐的树皮很有特色：它会一块块脱落，使得树干拥有大理石一样的花纹。

　　冬天，梧桐树上长出果实，是一团带有绒毛的瘦果。

红花槭

拉丁学名：*Acer rubrum*

树高：30米 / 寿命：300年

　　红花槭，又称美国红枫，是北美东部最常见的树木。它是17世纪从美洲引入欧洲的第一种枫树。它的树液煮了以后可以制成枫树糖浆，但糖枫做的糖浆更好。加拿大国旗上画的就是糖枫。

在秋天变成鲜红色的枫叶有毒。

弗吉尼亚鹿

带刺、垂下来的果球里藏着好几颗果实。秋天，包裹这些果实的囊会打开，放出果仁。

北美枫香

🌿 拉丁学名：*Liquidambar styraciflua*

树高：40米 / 寿命：300年

椭圆形轮廓的枫香树在秋天是一道好看的风景！它的叶子先是呈红色，然后变成紫红色。只要割小小一道口子，枫香树脂，也就是它的树液，就会流淌下来。印第安切诺基部落把枫香树脂当口香糖来咀嚼，它是口香糖在自然界中的祖先。

第四章
复叶的树木

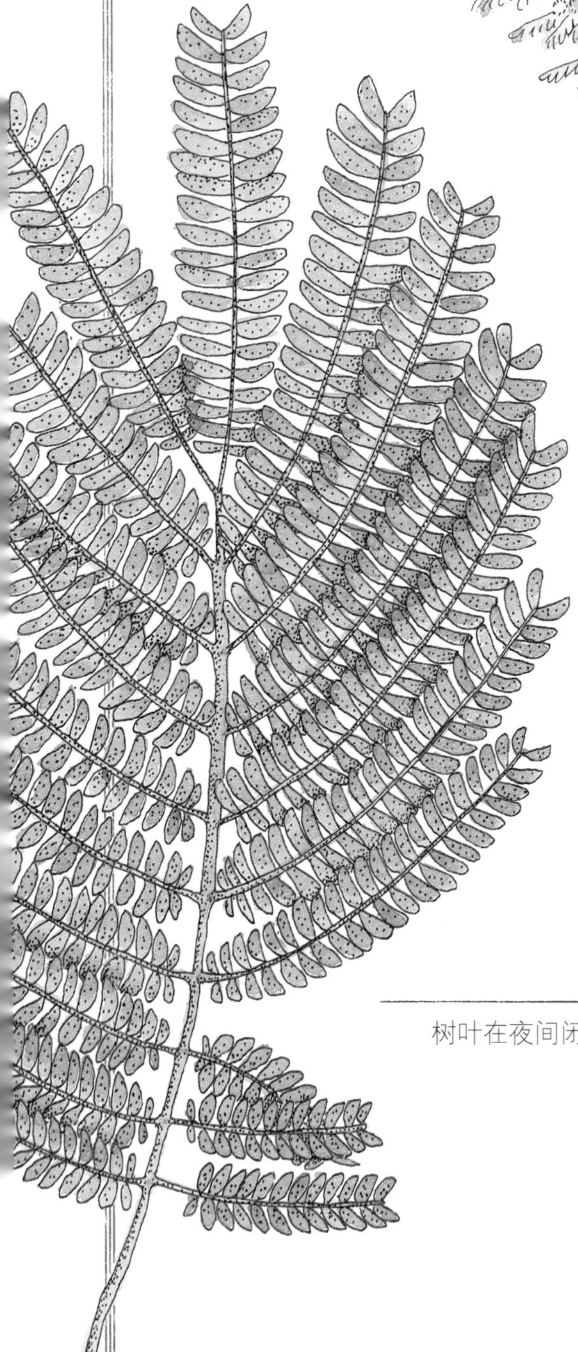

合 欢（蚕丝树）

拉丁学名：*Albizia julibrissin*

树高：12米 / 寿命：30年

　　这种原产自亚洲的装饰性树木在夏季开花。它的花朵华丽而有香味，在枝条的末端呈序列状生长。花朵形如丝线，故在法国俗称蚕丝树。

树叶在夜间闭合。

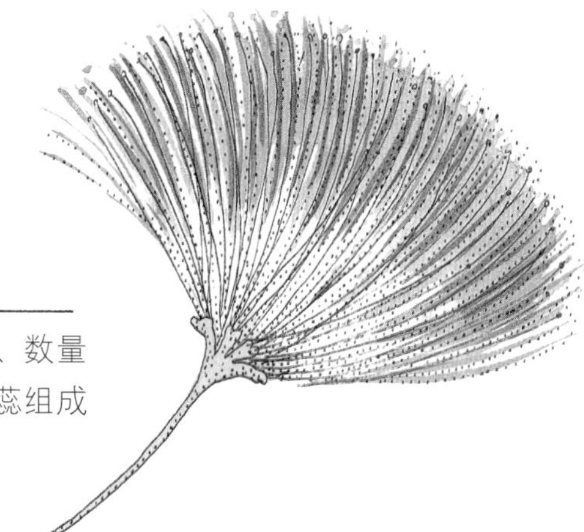

由非常精致、数量众多的玫瑰色雄蕊组成花序。

欧 梣

🌿 拉丁学名：*Fraxinus excelsior*

树高：40米 / 寿命：400年

　　欧梣树干笔直，株形高大，是森林中名副其实的"大个子"。它沿着水流生长，或是长在山坡脚下。欧梣生长迅速，木质柔韧坚固。因此，人们用它制造滑雪板，斧头的柄，古时候还用它造马车！不过，它年轻的时候可耐不住鹿在它的树皮上摩擦。

一头雄鹿

　　冬天，欧梣的特点是会长出黑色的芽，还有一串串翅果。

果实是直径6厘米的壳斗，表面覆盖了一层刺。到了10月份果实裂开，掉出一两粒栗子（不要和几种甜栗的果实混为一谈，人们经常错误地把它们都归为栗子）。

欧洲七叶树

🌿 拉丁学名：*Aesculus hippocastanum*

树高：30米 / 寿命：200年

　　虽然法语里人们叫它印度七叶树，但其实这棵大树原产自阿尔巴尼亚和希腊。法国在17世纪引进了这种树木。欧洲七叶树开的花有香味，结出来的果实味道苦涩，通常不能食用。不过，在饥荒的年代，人们会在面粉和油里调入些七叶树的果实，或者把它用来喂猪。欧洲七叶树喜光，不能在密林中生长。

欧洲花楸（捕鸟者花楸）

🌿 拉丁学名：*Sorbus aucuparia*

树高：20米 / 寿命：120年

　　欧洲花楸的树冠为圆锥形或者圆形，木质坚硬。树上挂着一串串浆果，在9月份变红的时候会有鸟儿来吃。吃完以后，鸟儿们飞到别处，它们排出的粪便里含有花楸的种子。花楸的浆果富含维生素C，只有煮熟后做成果冻方可被人食用。

乌 鸫

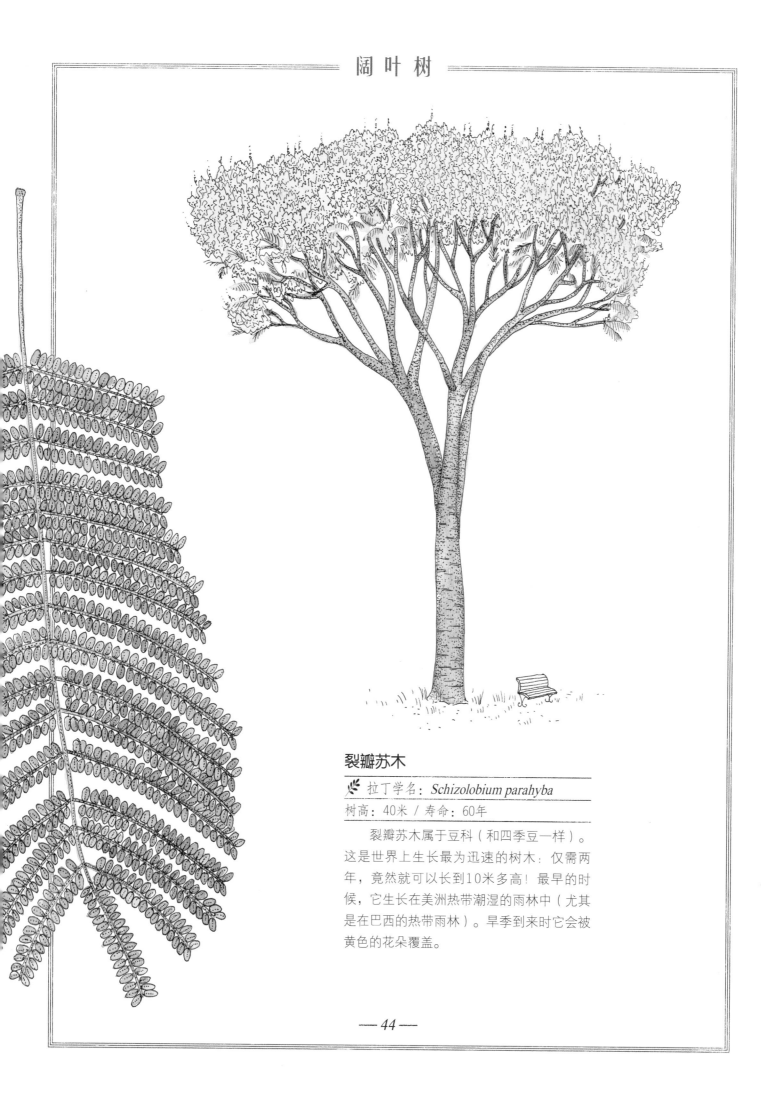

裂瓣苏木

🌿 拉丁学名：*Schizolobium parahyba*

树高：40米 / 寿命：60年

　　裂瓣苏木属于豆科（和四季豆一样）。这是世界上生长最为迅速的树木：仅需两年，竟然就可以长到10米多高！最早的时候，它生长在美洲热带潮湿的雨林中（尤其是在巴西的热带雨林）。旱季到来时它会被黄色的花朵覆盖。

每朵花的雄蕊都会生出一个黄色、柔滑的绒球。

银 荆

🌿 拉丁学名：*Acacia dealbata*

树高：25米 / 寿命：30年

在法国的1月到3月，这种树干光滑的树木会开花。银荆原产自澳大利亚，英国的航海探险家、第一位在澳大利亚海岸登陆的欧洲人詹姆士·库克，于1771年将其带到欧洲。银荆在法国南部种植较多，花店里可以买到它的茎和枝条。

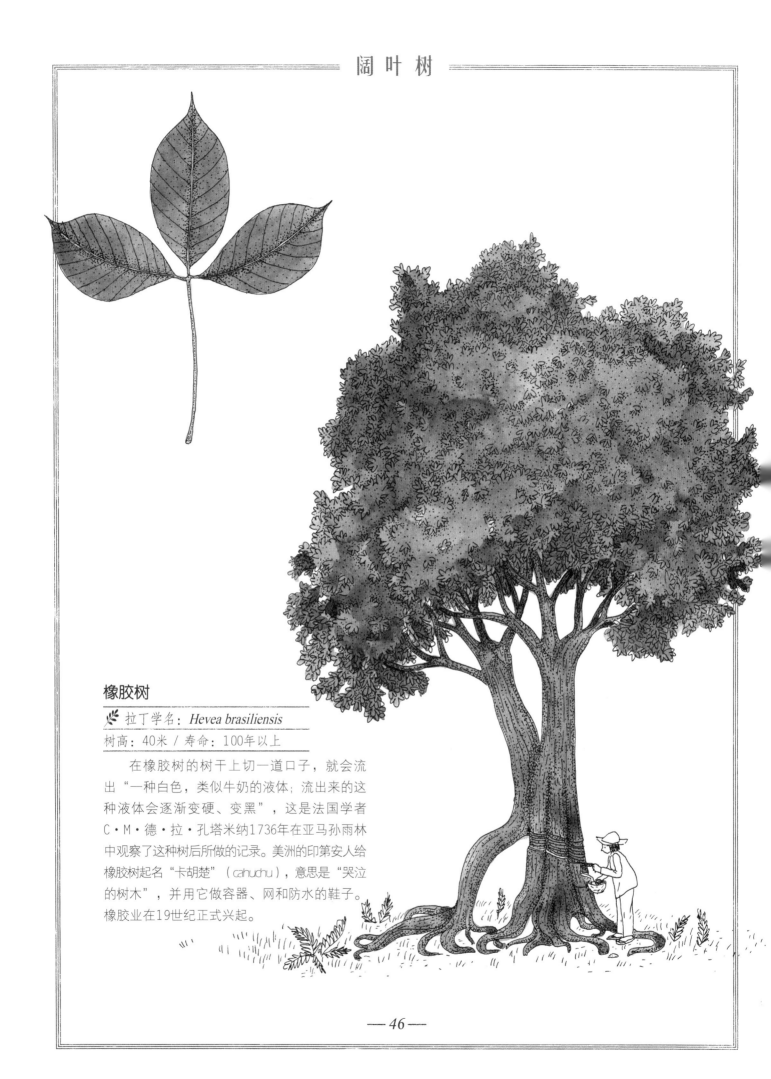

橡胶树

🌿 拉丁学名：*Hevea brasiliensis*

树高：40米 / 寿命：100年以上

　　在橡胶树的树干上切一道口子，就会流出"一种白色，类似牛奶的液体；流出来的这种液体会逐渐变硬、变黑"，这是法国学者C·M·德·拉·孔塔米纳1736年在亚马孙雨林中观察了这种树后所做的记录。美洲的印第安人给橡胶树起名"卡胡楚"（cahuchu），意思是"哭泣的树木"，并用它做容器、网和防水的鞋子。橡胶业在19世纪正式兴起。

猴面包树

🌿 拉丁学名：*Adansonia digitata*

树高：25米 / 寿命：2000年

　　猴面包树是世界上最粗大的树木（树干的周长可达40米）。它原产自非洲热带，在亚洲和美洲的热带地区也有种植。猴面包树是塞内加尔的国树。猴面包树也是集会树，村民们在商讨问题的时候就会聚到树下，所以不会砍伐它们。人们还给猴面包树起了绰号，叫作"倒栽树"，因为它的树枝看上去像是根系。一年里它只有三个月有叶子，其中有两个月会开花。

　　猴面包树结出的椭圆形果实叫作"猴面包"，里面含有好几百颗种子。人们从中提炼出油，或是烤了以后食用。

叶子煮熟后可食用，或是作为牲畜的草料。

瘤牛

凤凰木

🌿 拉丁学名：*Delonix regia*

树高：20米 / 寿命：60年

　　这是一种树冠呈太阳伞形状的热带树木，原产于马达加斯加。只有树龄至少5年以上的凤凰木才会开出红色的花朵（也有更为罕见的黄色花朵）。由于凤凰木耐污染，所以人们将它种在城市里，但必须是在远离住宅的地方，因为它的根系十分强大，可能会突出路面，钻裂墙体。在它的原产地马达加斯加，凤凰木的数量正在减少。

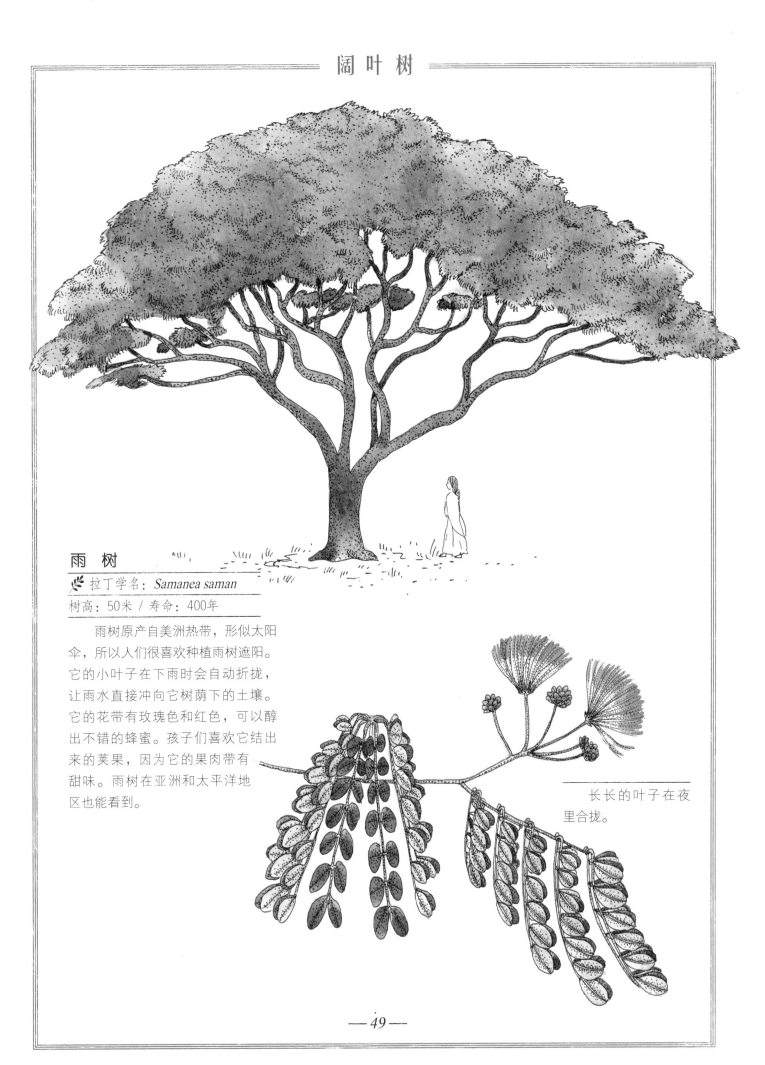

雨 树

拉丁学名：*Samanea saman*

树高：50米 / 寿命：400年

　　雨树原产自美洲热带，形似太阳伞，所以人们很喜欢种植雨树遮阳。它的小叶子在下雨时会自动折拢，让雨水直接冲向它树荫下的土壤。它的花带有玫瑰色和红色，可以醇出不错的蜂蜜。孩子们喜欢它结出来的荚果，因为它的果肉带有甜味。雨树在亚洲和太平洋地区也能看到。

长长的叶子在夜里合拢。

小嘴乌鸦

搓揉胡桃的叶片会闻到一股难闻的气味。

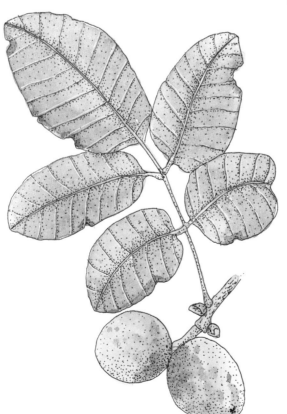

胡 桃

🌿 拉丁学名：*Juglans regia*

树高：30米 / 寿命：300年

　　这种可以遮阴的大树在史前时期就分布到了欧洲大部分地区！罗马人给它取了拉丁语的名字，意思是"神王朱庇特的果实"。在法国，胡桃树可以在海拔1000米的地方生长。不过它更喜欢生长在海拔600米以下的高度。阳光是它不可缺少的养分。

胡桃外面包裹着一层青色的果壳，里面可以看到两瓣核桃肉，可以食用。

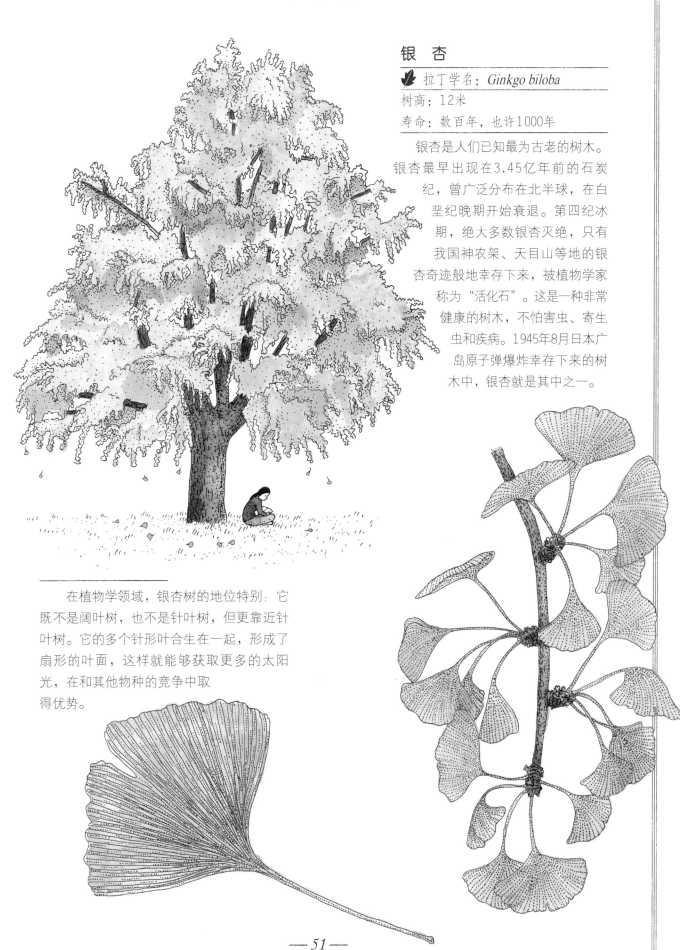

银 杏

拉丁学名：*Ginkgo biloba*

树高：12米

寿命：数百年，也许1000年

银杏是人们已知最为古老的树木。银杏最早出现在3.45亿年前的石炭纪，曾广泛分布在北半球，在白垩纪晚期开始衰退。第四纪冰期，绝大多数银杏灭绝，只有我国神农架、天目山等地的银杏奇迹般地幸存下来，被植物学家称为"活化石"。这是一种非常健康的树木，不怕害虫、寄生虫和疾病。1945年8月日本广岛原子弹爆炸幸存下来的树木中，银杏就是其中之一。

在植物学领域，银杏树的地位特别：它既不是阔叶树，也不是针叶树，但更靠近针叶树。它的多个针形叶合生在一起，形成了扇形的叶面，这样就能够获取更多的太阳光，在和其他物种的竞争中取得优势。

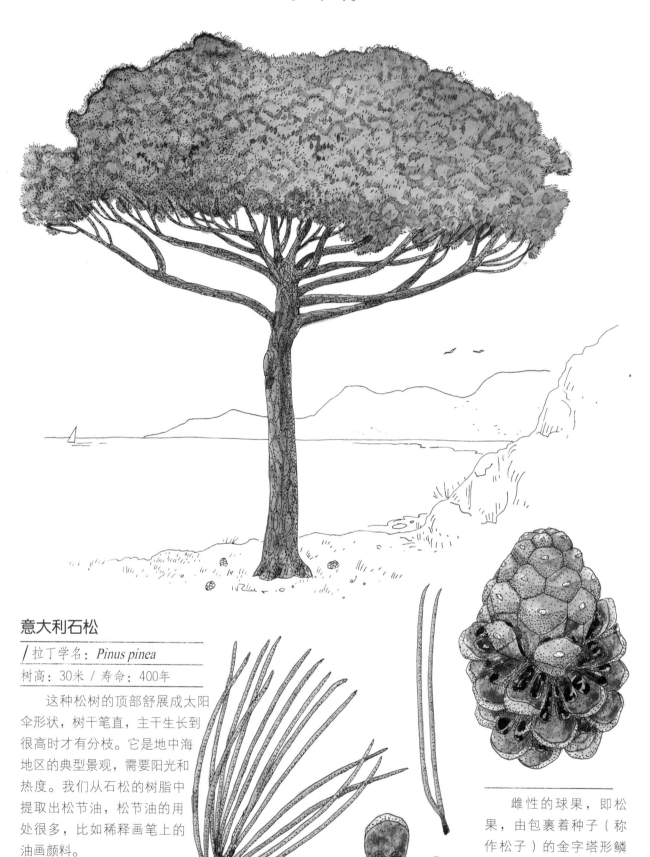

意大利石松

/ 拉丁学名：*Pinus pinea*

树高：30米 / 寿命：400年

　　这种松树的顶部舒展成太阳伞形状，树干笔直，主干生长到很高时才有分枝。它是地中海地区的典型景观，需要阳光和热度。我们从石松的树脂中提取出松节油，松节油的用处很多，比如稀释画笔上的油画颜料。

　　雌性的球果，即松果，由包裹着种子（称作松子）的金字塔形鳞片构成，需要三年才能成熟。松子去壳炒制后可以食用，也可以榨油。

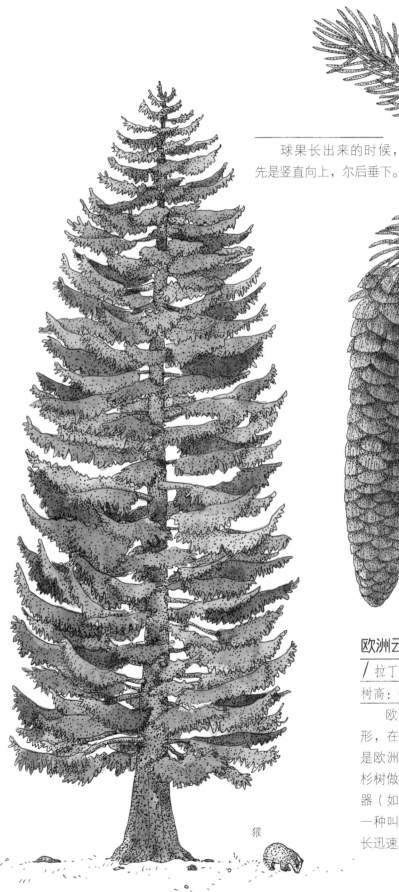

球果长出来的时候，
先是竖直向上，尔后垂下。

獾

欧洲云杉

/ 拉丁学名：*Picea abies*

树高：60米 / 寿命：700年

　　欧洲云杉树干笔直，树冠呈圆锥形，在欧洲的山区地带尤为多见。这是欧洲本土的树中巨人！人们用小云杉树做圣诞树，云杉木还可以做弦乐器（如提琴等）。人们经常也会种另一种叫作黄杉的针叶树。黄杉以其生长迅速，大有取代云杉的势头。

针 叶 树

北美红杉（常绿红杉）

/ 拉丁学名：*Sequoia sempervirens*

高度：120米 / 寿命：2000年

北美红杉是目前地球上生长着的最高最大的树木！年轻时红杉树每年长高1到2米。美国加州海岸有一棵北美红杉树甚至长到了115米（相当于大约30层的高楼）！人们叫它"常绿"红杉，提醒我们这种红杉与大多数针叶树一样，不会在同一时间落光所有的叶子。

— 54 —

树皮是它的隔热层，厚实，纤维发达，没有树脂。

欧洲落叶松

/ 拉丁学名：*Larix decidua*

树高：40米 / 寿命：600年

　　这种对恶劣环境具有优良抗力的树木，身材高大，自然生长在海拔1000米以上的向阳山坡（山的阳面）上，但也可以在更低的海拔种植。顾名思义，落叶松的针叶在冬季掉落，这明显和其他针叶树不同。

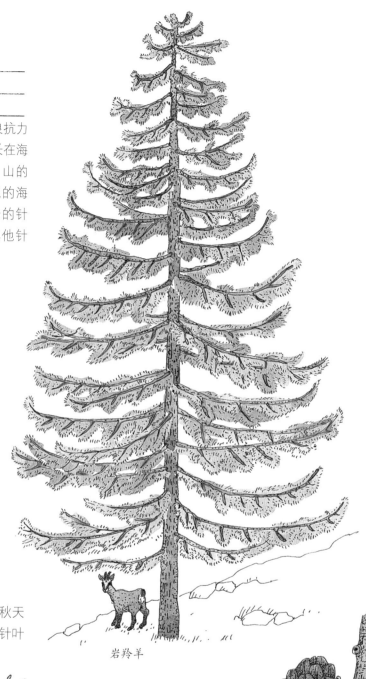

岩羚羊

　　针叶在夏天呈亮绿色，秋天落叶前呈黄色，不同于其他针叶树的常绿树叶。

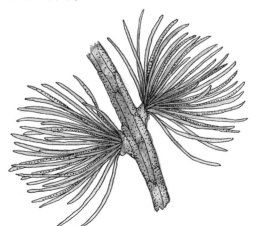

　　落叶松的松果不是单独落下，而是连着枝杈一起。

松鼠和鸟儿
吃松果里的松子。

狐 狸

银冷杉（欧洲白冷衫）

/ 拉丁学名：*Abies alba*

高：50米 / 寿命：300年

　　这种针叶树原产于欧洲的山地，在孚日山脉十分多见，所以法国人常常称它为"孚日松"。银冷杉树干周长最大可达5米。有时候，"女巫扫帚"病会让它的树形走样，其原因是某一种菌类会诱发树枝生出过多的侧枝，造成株形变样，不再笔直，树冠也不再是圆锥形。

黎巴嫩雪松（香柏树）

拉丁学名： *Cedrus libani*

树高：30米 / 寿命：2500年

　　这种木质散发芳香的树木，幼苗期树冠呈圆锥形，生长超过30年以后呈平顶状：位置较低的树枝几乎趋近水平，顶部扩大。这种雪松在18世纪传入法国。圣经中对它多有引述，在古典时期曾遭到大面积砍伐。今天，雪松在黎巴嫩已经十分罕见，但一直被视为黎巴嫩的象征，黎巴嫩国旗上还画着雪松的图案。

雌性的花序发育成了卵形球果，成熟后为紫色。

针 叶 树

秋季，落羽杉的针叶变成红褐色，非常优美。落羽杉是少数落叶的针叶树之一，它也由此得了"落羽"之名。

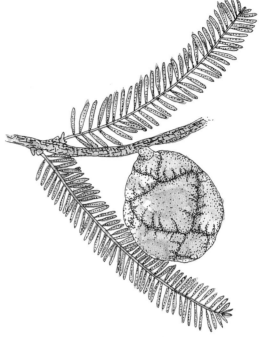

落羽杉

拉丁学名：*Taxodium distichum*

树高：30米（欧洲），50米（美国）

寿命：1000年至1800年

这种针叶树生长在淡水沼泽地或是河边。为了呼吸，它的一些根系会钻出地面，叫作"出水通气根"。有些红树也以同样方式生长，但是它们长在咸水里。落羽杉是美国路易斯安那州的州树，17世纪由弗吉尼亚州带到欧洲。

一只长尾白骨顶和它的小宝宝们

油 棕

🌴 拉丁学名：*Elaeis guineensis*

树高：25米 / 寿命：人们砍伐树龄25年的油棕，否则油棕就会长得过高，它们的果实便难于采摘。

　　油棕原产于非洲的热带地区，现在已在所有热带地区广泛种植。人们种植油棕，收获其一簇簇的果实。它们的果肉富含棕榈油，种子叫作"棕榈子"或"棕榈仁"，从中提炼出来的油叫"棕榈子油"。全年中的每一个月我们都可以收获两到三次成熟的果实。为了种植油棕，很多国家（尤其是印度尼西亚）开始大规模砍伐热带雨林，对生态造成了严重的破坏。

狐猴为这些花朵传粉。

狐 猴

旅人蕉

拉丁学名：*Ravenala madagascariensis*

树高：15米 / 寿命：15年

　　旅人蕉原产于非洲的马达加斯加岛，是马达加斯加的象征。它的叶子十分巨大，呈扇形排列。叶柄根部聚集的水分根本不适合饮用，虽然它的名字叫旅人蕉，但其实并不能供跋山涉水的旅人解渴。

皇家酒椰

拉丁学名：*Raphia regalis*

树高：25米

　　皇家酒椰是世界上叶子最大的树：它的叶子可长达25米！它的叶子直接从地表长出，还有一段埋在土里，这样它才能够保持挺立。如果我们把基部的土挖开，叶片就会呈五角星形倒在根底周围！

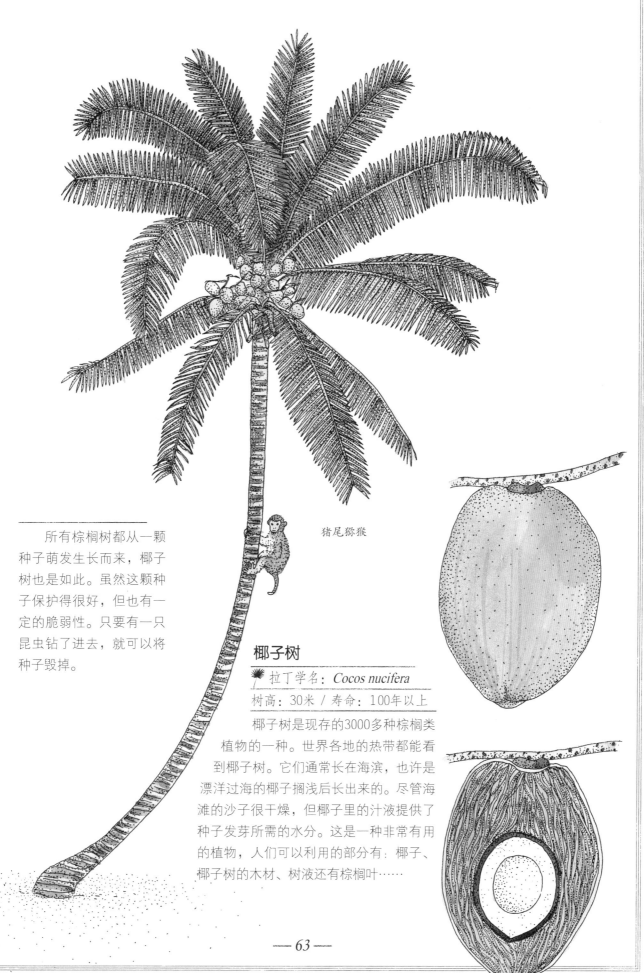

猪尾猕猴

所有棕榈树都从一颗种子萌发生长而来，椰子树也是如此。虽然这颗种子保护得很好，但也有一定的脆弱性。只要有一只昆虫钻了进去，就可以将种子毁掉。

椰子树

拉丁学名：*Cocos nucifera*

树高：30米 / 寿命：100年以上

椰子树是现存的3000多种棕榈类植物的一种。世界各地的热带都能看到椰子树。它们通常长在海滨，也许是漂洋过海的椰子搁浅后长出来的。尽管海滩的沙子很干燥，但椰子里的汁液提供了种子发芽所需的水分。这是一种非常有用的植物，人们可以利用的部分有：椰子、椰子树的木材、树液还有棕榈叶……

索　引

B　白鸡蛋花——7

　　波罗蜜——10

　　扁桃——20

　　北美枫香——39

　　北美红杉——54

C　糙皮桦——28

D　大叶醉鱼草——24

F　法国梧桐——37

　　凤凰木——48

H　荷花玉兰——14

　　桦叶鹅耳枥——30

　　红花檵——38

　　合欢——40

　　猴面包树——47

　　胡桃——50

　　皇家酒椰——62

J　橘子树——17

　　金丝柳——21

L　蓝桉——6

　　榴梿——15

　　裂瓣苏木——44

　　黎巴嫩雪松——58

　　落羽杉——59

　　旅人蕉——61

M　美国红树——16

　　"美尔罗斯"苹果树——23

　　美国鹅掌楸——32

　　木薯——35

N　挪威槭——33

O　欧洲山毛榉——9

　　欧丁香——13

　　欧洲冬青——19

　　欧榛——22

　　欧洲栗——29

　　欧桉——41

欧洲七叶树——42

欧洲花楸——43

欧洲云杉——53

欧洲落叶松——56

P　普通赤杨——27

S　睡莲叶无花果树——11

树商陆——12

桑树——25

W　无花果树——34

X　小叶椴——26

夏栎——31

橡胶树——46

Y　油橄榄——18

银白杨——36

银荆——45

雨树——49

银杏——51

意大利石松——52

银冷杉——57

油棕——60

椰子树——63

Z　朱迪亚树——8